Sebastian Leitner, Stefan Manhalter, Markus Stana

Modell der Synchronisation von Glühwürmchen in C

Das Liebesleben der Glühwürmchen in physikalischer Form

Sebastian Leitner, Stefan Manhalter, Markus Stana

Modell der Synchronisation von Glühwürmchen in C

Das Liebesleben der Glühwürmchen in physikalischer Form

GRIN Verlag

Die Deutsche Bibliothek verzeichnet diese Publikation in der Deutschen Nationalbibliografie; detaillierte bibliografische Daten sind im Internet über http://dnb.d-nb.de/ abrufbar.

1. Auflage 2009
Copyright © 2009 GRIN Verlag GmbH
http://www.grin.com
Druck und Bindung: Books on Demand GmbH, Norderstedt Germany
ISBN 978-3-656-36965-3

Modell der Synchronisation von Glühwürmchen in C
Biophysik Praktikum - Gruppe B

Markus Stana   Sebastian Leitner   Stephan Manhalter

November 2009

Inhaltsverzeichnis

Markus Stana
Sebastian Leitner
Stephan Manhalter

1 Einleitung

Glühwürmchen verhalten sich im Grunde wie Neuronen: Sie 'schalten' sich zusammen, um einen verstärkten, geordneten Informationsimpuls zu erzeugen.

Im Falle der (männlichen) Glühwürmchen ist das ein synchronisiertes Blinken abertausender Tiere, um Paarungsbereitschaft zu signalisieren. Ein einzelnes Männchen blinkt zu schwach, um ein Weibchen, das hoch über den Baumwipfeln fliegt, anzulocken. Eine ganze Schar von Tieren tut sich also zusammen, um somit die Chance auf Fortpflanzung drastisch von quasi 0 auf ca. 1:N pro Weibchen zu steigern, wobei N die Anzahl der männlichen Würmchen ist. Die Glühwürmchen dürfen aber nicht durcheinander blinken. Die Weibchen reagieren nur auf ein regelmäßige, artspezifische Blinkperiode. Ein Glühwürmchen blinkt also mit einer bestimmten Eigenfrequenz, daher dauert es eine gewisse Zeit, bis sich Kolonien von Glühwürmchen geeinigt (synchronisiert) haben, sprich den Phasenverschub auf 0 setzen.

Bei Neuronen ist der Sinn und Zweck natürlich ein anderer: Durch Zusammenschalten mehrerer Neuronen können Muster erkannt und gelernt werden (**Hepp'sche Regel**), (Sinnes)reize und Denkprozesse können also somit verarbeitet werden. Neuronen geben dabei keinen Lichtblitz sondern die Information in Form von geringen elektrischen Strömen an andere ab und vernetzten sich dadurch. Die Synchronisation ist grundlegend für ein Zusammenspiel von Millionen an Zellen und der wichtigste Prozess eines komplexen Netzwerkes wie des menschlichen Gehirns.

1.1 Phänomen der Synchronisation bei Neuronen

Gehen wir von einem einfachen Modell, bestehend aus 3 Schichten aus. Die 1. Schicht stellt die Eingabeschicht dar - im Prinzip handelt es sich um sensorische Neuronen, die einzelne Reize detektieren. In der 2. Schicht werden die Reize verarbeitet - dort kommt es zur eigentlichen Synchronisation. Die 3. Schicht erhält von allen Neuronen der vorhergehenden Schicht Informationen. Sie zieht die Schlüsse und fällt die Entscheidung, welches Muster erkannt wurde. Wir interessieren uns für die Schicht 2 - trotzdem können Synchronisationen in den beiden anderen Schichten auch auftreten.

Natürlich gibt es nicht nur eine verarbeitende Schicht (Schicht 2) im menschlichen Gehirn, sondern es sind bedeutend mehr. Dies hängt vor allem davon ab, welche Entscheidung in welchem Gehirngebiet gefällt werden muss. Dieses einfache Modell ist biologische relevant: Die Neuronen bekommen von der vorhergehenden Schicht über die Synapsen Signale - aber es sind auch die Neuronen in einer Schicht untereinander verknüpft. Über diese Verknüpfungen können auch Signale zwischen Neuronen der selben Schicht ausgetauscht werden. Jedes Neuron erhält von rund 1000-10.000 Neuronen synaptische Eingangssignale und gibt auch an rund 1000-10.000 Neuronen die Signale weiter. Eine Gruppe von Neuronen einer Schicht, die stark miteinander verknüpft sind, stellen ein **Assemble** dar:

Markus Stana
Sebastian Leitner
Stephan Manhalter

In einem Assemble können mehrere Informationen "gleichzeitig"verarbeitet werden. Jedes Neuron ist mit jedem Neuron der selben Schicht verbunden. Durch die unterschiedlichen Eingangsmuster werden verschiedene Neuronen im Assemble aktiviert - man spricht von einem Aktivierungsmuster. Das Muster repräsentiert die geometrische Verteilung der aktiven Neuronen, das heißt ein Muster aus der vorhergehenden Schicht aktiviert prinzipiell die Neuronen derselben Klassifizierung. Wenn das Muster in der Eingabeschicht anders ist, entsteht auch in der verarbeitenden Schicht ein anderes geometrisches Muster. Interessanterweise können die gleichen Neuronen bei unterschiedlichen Mustern beteiligt sein.

Die Neuronen in einem solchen Assemble feuern in Ruhe ungefähr mit einer Frequenz von rund 0.1-1Hz. Die Neuronen die ein Perzept darstellen, also die gleichzeitig aktiven Neuronen, feuern mit einer Frequenz von 40-90Hz.

Die Zusammengehörigkeit der durch neuronale Aktivität repräsentieren Merkmale zu bestimmten Objekten soll durch wiederholtes, synchrones Feuern der jeweiligen Neuronen zum Ausdruck gebracht werden, während Merkmale, die zu anderen darzustellenden Objekten gehören, mit einem anderen Muster dargestellt werden.

Die Verwendung einer Zeitstruktur ermöglicht es, ein Assemble von Neuronen über die Synchronisation zu definieren. Durch subtile Änderung der zeitlichen Relationen können Neuronen schnell zwischen verschiedenen Assembles - beziehungsweise zwischen unterschiedlichen geometrischen Mustern - umschalten: **Neuronen sind Koinzidenzdetektoren!**

Einige wenige Impulse von verschiedenen Neuronen können kaum ein nachgeschaltetes Neuron erregen, es sei denn, sie kommen fast gleichzeitig (Gleichzeitigkeit als Bindemittel). Es werden ungefähr 25 **EPSP's** (**Excitatory postsynaptic Potential** - Elektische Ladungsänderung = Depolarisation des Ruhemembranpotentials eines Neurons $\rightarrow$ Aktionspotential erzeugt) am 'Axonhügel' benötigt, damit ein Aktionspotential ausgelöst wird. Wenn diese 25 EPSP's über einen längeren Zeitraum verteilt am Axonhügel ankommen, dann wird die Schwelle nicht erreicht und es sinkt das unterschwellige Potential und nach einiger Zeit stellt sich wieder das Ruhemembranpotential ein. *Siehe Abb. 1.*

Ursache für eine Synchronisation können also gemeinsame Stimuli sein, oder aber starke synaptische Kopplungen, das heißt sehr starke EPSP´s. Zur Vermeidung des nutzlosen und trivialen Zustandes totaler Synchronisation dienen inhibitorische Subsysteme. Da die Neuronen miteinander verbunden sind, würden sie sich dauernd gegenseitig erregen und die Synchronisation würde nicht abklingen. Wenn dieser Zustand länger andauert, dann werden auch Neuronen die nur schwach mit dem Assemble verknüpft sind, zur Synchronisation angeregt. Alle Neuronen würden gleichzeitig feuern. Dieses Phänomen findet sich im Krankheitsbild der **Epilepsie** wieder.

Markus Stana   2
Sebastian Leitner
Stephan Manhalter

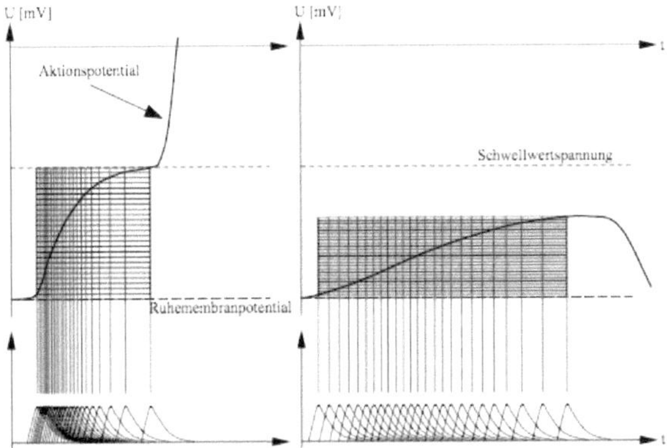

Abbildung 1: Darstellung der EPSP´s (unten) und der daraus resultierenden Spannung am Axonhügel. In der linken Abbildung treffen in sehr kurzer Zeit viele EPSP´s ein und es wird ein Aktionspotential ausgelöst. In der rechten Abbildung erreichen zwar genauso viel EPSP´s den Axonhügel, aber dafür vergeht mehr Zeit und es kann kein Aktionspotential ausgelöst werden.

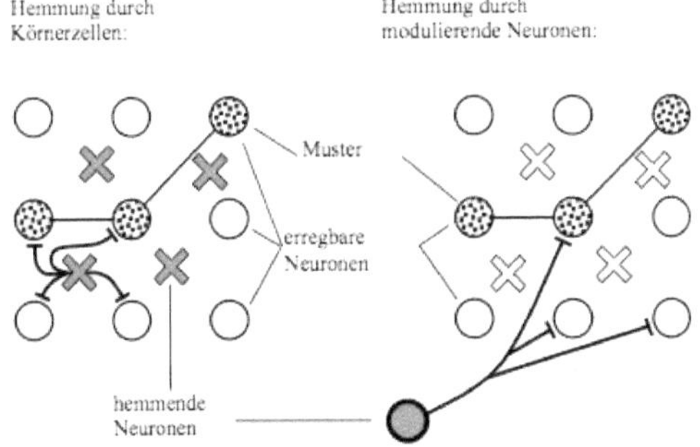

Abbildung 2: Neurale Assembles, bei denen auf unterschiedliche Weise inhibitorische System wirken. In der linken Abbildung wirken lokale Körnerzellen, während in der rechten Abbildung modulierende Neuronen aus speziellen Kernen eine Synchronisation verhindern.

Markus Stana
Sebastian Leitner
Stephan Manhalter

Damit dies nicht auftritt, gibt es Neuronen, die über einen inhibitorisch wirkenden Neurotransmitter (**IPSP's - Inhibitory postsynaptic Potential**) die Synchronisation lokal dämpfen (Abbildung 2, links). Diese Neuronen sind die dornlosen Körnerzellen. Ihre Synapsen greifen in der Nähe des Axonhügels an und wirken sehr effektiv. Sie sind zwar in einer geringeren Anzahl vorhanden, aber ihr synaptischer Einfluss ist aufgrund der räumlichen Nähe zum Axonhügel bedeutend größer. Die Hemmung einzelner Gebiete kann aber auch global durchgeführt werden. Verschiedene Kerne im Hirnstamm entsenden ihre Axone in einzelne Regionen der Großhirnrinde. Meist wirkt ihr Neurotransmitter hemmend. Wenn also diese Kerne aktiv sind, kann die Synchronisation in großen Gebieten der Rinde gesteuert werden. Bei maximaler Aktivität dieser Kerne können sogar die Aktionspotentiale verhindert werden. Das bedeutet, dass in den jeweiligen Gebieten keine Information mehr verarbeitet werden kann. *Siehe Abbildung 2.*

1.2 Hypothese und Problemstellung bei Glühwürmchen

Widmet man sich nun der Fragestellung, wie es zur Synchronisation tausender Lebewesen kommt, stellt man fest, dass sich die Mechanismen von Neuronen einfach übertragen lassen, so wie bei den Neuronen, ist auch bei den Glühwürmchen ein (pasiv steuerbarer) elektro-chemischer Prozess verantwortlich.

Zunächst allerdings einige Hypothesen und Parameter zur Formulierung des Synchronisations-Prozesses:

1. Die Phasenverschubanpassung wird duch externe Lichtblitze stimuliert und ausgelöst. Es muss also min. 2 Glühwürmchen geben, die sich auf eine Frequenz 'einigen' und somit den Startparameter festlegen.

2. Die Lichtintensität (und damit die Anzahl der gleichzeitig blinkenden Würmchen) ist bei der Blinkanregung ausschlaggebend. Trotzdem reichen 2 Tiere aus, um sich gegenseitig zu stimulieren.

3. Es gibt keine 'Dirigenten', kein Glühwürmchen ist ausgezeichnet und gibt den Takt vor. Die Synchronisation ist ein individueller Prozess.

4. Es ist für ein Modell egal (und auch für den eigentlichen Synchronisationsvorgang), ob sich zuerst 2 Tiere anpassen, dann mehrere dazukommen und sich ebenfalls anpassen oder ob von Anfang an tausende Glühwürmchen auf einem Baum sitzen und beginnen, sich auf einander einzustellen.

5. Die Blinkfrequenz eines jeden Tieres ist zwar artenabhängig, aber dann bei jedem Exemplar ident (zumindest im Modell, geringfügige Variation ist möglich) und somit genetisch eingeprägt, wobei die Weibchen (wieder artenabhängig) nur auf eine bestimmte Abfolge von hell-dunkel reagieren.

6. Es sollte möglich sein, ein 'Rudel' Glühwürmchen extern per Blitzlicht auf die gewünschte Abfolge zu bringen, sofern die Randbedingungen günstig sind.

7. Die Glühwurm-Männchen müssen nicht zwingend wissen, ob sie gerade geblinkt haben. Es ist in gewisser Weise ein automatisierter Vorgang, der stimuliert oder gehemmt werden kann. Bei vielen Exemplaren tritt dann eine Art Kaskadenphänomen auf.

8. Für die Synchronisation abertausender Tiere ist die Gruppenbildung gleicher mit Phase = 0 entscheidend. Der Effekt ist dann vergleichbar mit dem von einzelnen Keimen ausgehenden Kristallwachstum. Der Mechanismus hat logischerweise ein τ, eine Eigenzeit: Die Synchronisation ist nicht instantan.

9. Im Vergleich mit Neuronen ist sofort klar: Es existiert eine Schwelle, ab der ein Lichtblitz ausgelöst wird. Diesen Schwellwert gilt es schneller zu erreichen, will sich ein Glühwürmchen auf das Blinken eines anderen einstellen.

Tatsächlich ist es so, dass sich die Aktionspotential-Methodik von Neuronen auf die Glühwürmchen umlegen lässt: Das Leuchten entsteht durch die chemische Reaktion zweier Substanzen in darauf spezialisierten Zellen. Es ist plausibel anzunehmen, dass diese Reaktion genau dann einsetzt, wenn die Konzentration eines dieser Stoffe eine gewisse Schwelle überschreitet, und so lange abläuft, bis der Vorrat erschöpft ist. Es entspricht den Gegebenheiten biologischer Systeme, dass die Substanz mit einer gleichen Rate produziert wird, gleichzeitig jedoch - durch Abbau oder Diffusion - mit einer Rate verloren geht, die ihrer jeweiligen Konzentration proportional ist. Wenn der Leuchtstoff nicht durch die Leuchtreaktion verbraucht wird, steigt seine Konzentration von Null anfangend relativ rasch an. Mit zunehmender Konzentration spielen die Verlusteffekte eine immer größer werdende Rolle. Dementsprechend nimmt die Konzentration immer langsamer zu und nähert sich schließlich einem gewissen Sättigungswert. Es handelt sich also um eine inverse Exponentialfunktion, die für eine bestimmte Strecke annähernd linear verläuft und erst gegen Ende stark abflacht.

Es gibt noch viele unbeantwortete Fragen zur Synchronisation und Selbstorganisation von Glühwürmchen. So muss noch das Antwortverhalten von den Weibchen, der allgemeine Temperatureinfluss der Umwelt und vieles mehr berücksichtigt werden. Das Beeindruckende aber ist, dass solch unterschiedliche Phänomene wie das gleichzeitige Blinken von Glühwürmchen und das synchrone Feuern von Neuronen durch eine Formel beschrieben werden können.

Ob man sich nun mit Neuronen oder Leuchtkäfern beschäftigt, ist für das Modell irrelevant. Man kann das System recht simpel durch ein RC-Glied beschreiben, in dem das Verhalten eines Kondensators sehr gut den elektro-chemische Mechanismus widerspiegelt: Als erster diskutierte Peskin das Problem von **puls-gekoppelten 'integrate-and-fire' - Oszillatoren**. Zunächst galt das Modell nur für identischen Neuronen, Da die diese aber unterschiedlich gebaut sind (unterschiedliche Größe, Variation der Ionenkanalanzahl usw.), haben sie unterschiedliche Eigenfrequenzen. Es konnte allerdings gezeigt werden, dass auch integrate-and-fireOszillatoren mit unterschiedlicher Frequenz unter bestimmten Bedingungen synchronisieren.

1.3 Mathematische Beschreibung - 'integrate-and-fire'-Oszillator

Ein 'integrate-and-fire'-Oszillator läßt sich folgendermaßen definieren: Der Hauptteil des Modell-Neurons, der sogenannte 'integrator', beschreibt im unterschwelligen Bereich, in dem noch kein Impuls (Aktionspotential) ausgelöst wird, die Eigenschaften der Zellmembran eines Neurons. Eine solche Membran, die ein nichtidealer Isolator zwischen zwei elektrisch leitfähigen Flüssigkeiten ist, wird durch die Parallelschaltung eines Kondensators C ('integrator") und eines Widerstandes R repräsentiert. In dieser Anordnung stellen die beiden Bauelemente einen Tiefpaß-Filter (RC-Glied) dar. Über den Eingang, den Synapsen (dargestellt durch Widerstände) werden die EPSP's mit der jeweiligen Höhe ϵ an der Zellmembran integriert. Wenn am RC-Glied eine ausreichende Spannung anliegt, dann wird am Axonhügel eine Schwelle überschritten und ein elektrischer Impuls ausgelöst. Dieser Impuls kann ein Dirac'schen δ - Impuls sein, dieser Impuls ist dem Aktionspotential sehr ähnlich.

Wenn die Aktivierungsvariable x - sie entspricht der Membranspannung (vor allem im unterschwelligen Bereich) - eines puls-gekoppelter Oszillators den Schwellwert K erreicht, dann wird ein Aktionspotential ausgelöst und die Variable x wird auf Null zurückgesetzt. Die Zeit, welche die Aktivierung benötigt, um von Null zum Schwellwert zu kommen, ist die Periode P. Die Frequenz des nichtlinearen Oszillators ist definiert durch P^{-1}.

Die externe Erregung e(t) stellt eine Stimulierung des Modell-Neurons durch Rezeptoren oder Neuronenschichten anderer Areale dar. Für diese Arbeit wird eine konstante externe Erregung $e(t) = E = const.$ angenommen, die eine große Anzahl inkohärenter Eingangssignale repräsentiert, welche an schwachen, zum Beispiel dendritischen Synapsen ankommen. Ein Neuron der Großhirnrinde feuert mit ungefähr 0.1 - 1Hz, wenn es nicht durch einen direkten oder indirekten sensorischen Input aktiviert wird. Trotzdem erhält ein Neuron immer noch so viele Inputs, dass es hin und wieder feuern wird. Dieses Feuern ist relativ unkoordiniert. Aus diesem Grund nimmt man für den Modelloszillator an, dass unendlich viele Neuronen mit sehr kleinen EPSP's das Neuon aktivieren. Dies entspricht einer konstanten externen Erregung.

↪ Siehe Abbildungen 3-5.

Als **Potentialverlauf** *x(t) des Modell-Neurons ergibt sich aufgrund des RC-Gliedes als Modell die Sprungantwort eines Tiefpasses:*

$$x(t) = E \cdot (1 - e^{-t/\tau}) \tag{1}$$

$0 < t < T$ mit $\tau = RC$
E......Externe Erregung (konst.)
x(t)..........Aktivierungsfunktion

Markus Stana
Sebastian Leitner
Stephan Manhalter

Es zeigt sich:

- Je nichtlinearer die Aktivierungsfunktion ist, umso mehr wird die Synchronisation erleichtert.

- Die PSP´s müssen positiv sein. Das heißt, die postsynaptischen Potentiale müssen größer als Null sein, sie entsprechen den EPSP´s. Umgekehrt wirken IPSP´s desynchronisierend und der stabile Zustand hört auf zu existieren. Je größer die EPSP´s sind, umso leichter kann Synchronisation auftreten.

Die Oszillatoren interagieren nur durch eine einfache Form der Impulskopplung. Wenn der i-te Oszillator zum Zeitpunkt t_i feuert, dann werden die Aktivierungen der anderen Oszillatoren j um einen Betrag ϵ angehoben. Die Kopplungskonstanten ϵ_i sind vergleichbar mit den EPSP's ($\epsilon > 0$), beziehungsweise den IPSP's ($\epsilon < 0$).

Die Oszillatoren haben individuelle Schwellwerte K_i bzw. T_i. Erreicht oder überschreitet eine Aktivierung x_i die Schwelle, dann wird seine Aktivierung infinitesimal später auf Null gesetzt und alle anderen Aktivierungen werden um ein ϵ angehoben. Alle Kopplungsstärken ϵ werden als ident angenommen. Das gilt ebenso für den Zusammenhang unterhalb der Schwelle: Die Aktivierungsfunktion und alle damit verbundenen Parameter sind ident für alle Oszillatoren. Die Aktivierungen $x_i(t)$ des i-ten Oszillators während des Anfangszustandes können aber unterschiedlich sein, das heißt die Anfangsbedingungen sind nicht ident. Wenn alle Schwellwerte ident wären, dann hätten die Oszillatoren dieselbe Frequenz: Wir interessieren uns aber für unterschiedliche Frequenzen. Aus praktischen Gründen werden alle Schwellwerte durch den größten Schwellwert dividiert. Durch diese Normierung ergibt sich der größte Schwellwert zu 1.0 und alle anderen Oszillatoren haben einen Wert zwischen 0 und 1. Da die Neuronen in der Großhirnrinde alle miteinander verbunden sind (ein Neuron ist mit ungefähr 10.000 anderen verbunden), gehen wir von einer all-to-all Kopplung für alle Oszillatoren aus.

Der **Potentialverlauf** *des elektro-chemischen Prozesses (der dem Ladevorgang eines Kondensators ähnelt) lässt sich (ohne Einschränkung der Allgemeinheit) mathematisch nach Mirollo und Strogatz wie folgt beschreiben (vgl. dazu auch Abb. 6):*

$$\Phi(t) = \frac{1}{b} \cdot ln[1 + (e^b - 1) \cdot t] \tag{2}$$

b...Steigung, mit

$$t(\Phi) = \frac{e^{b\Phi} - 1}{e^b - 1} \tag{3}$$

als Umkehrfunktion

Markus Stana
Sebastian Leitner
Stephan Manhalter

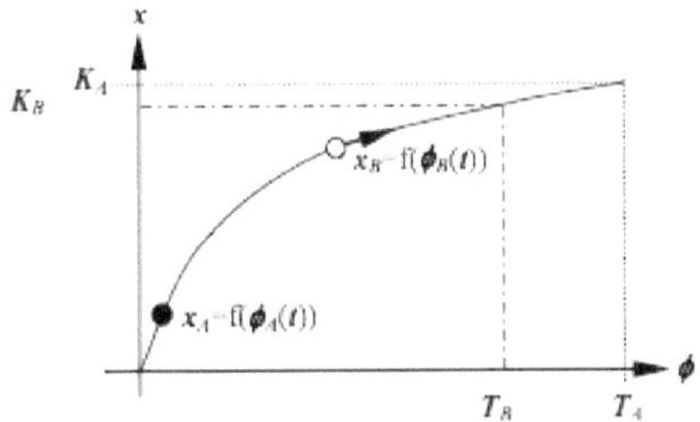

Abbildung 3: Zwei Oszillatoren (schwarzer und weißer Kreis) auf Aktivierungsfunktion.

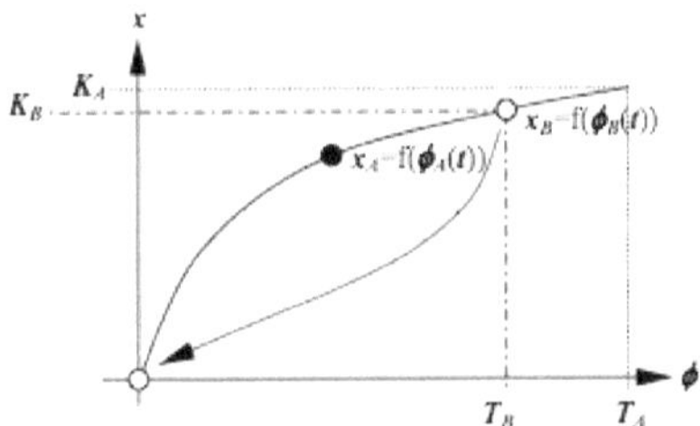

Abbildung 4: Der Oszillator B feuert gerade, denn er hat die Schwelle TB erreicht.

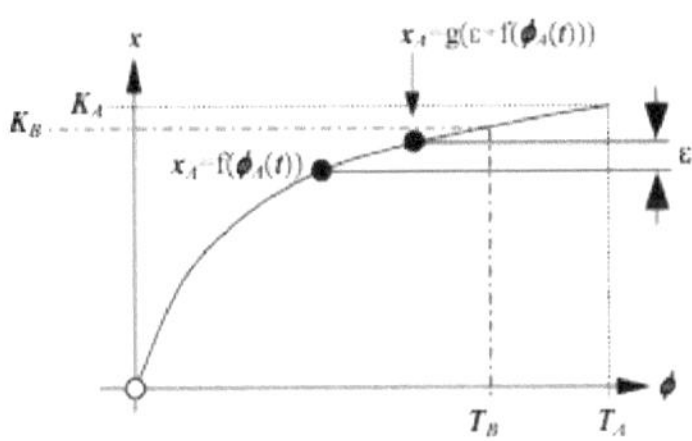

Abbildung 5: Oszillator A wird um ϵ angehoben, da Oszillator B gerade gefeuert hat.

Markus Stana
Sebastian Leitner
Stephan Manhalter

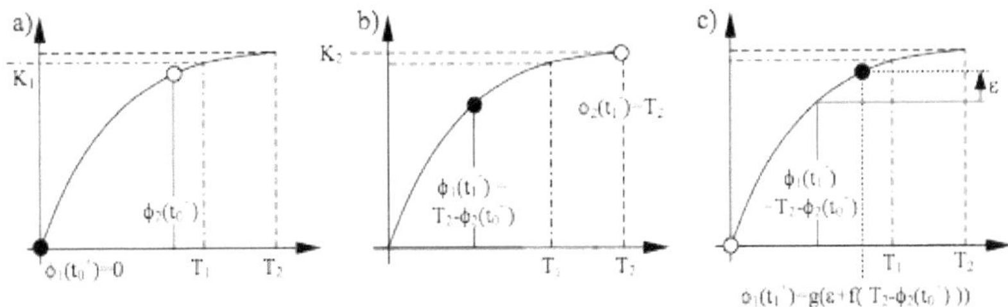

Abbildung 6: Darstellung des Startzustandes (a), das Erreichen des Schwellwertes von Oszillator 2 (b) und das Feuern von Oszillator 2 (c). Der Oszillator 1 wird als ein schwarzer Kreis, der Oszillator 2 als ein weißer Kreis dargestellt.

1.4 Aufgabenstellungen

1. Es gilt ein Simulationsprogramm in C für die Synchronisation von 2 Glühwürmchen zu schreiben, das Information über die Eigenzeit (also wie lange die Abstimmprozedur dauert) ausgibt und dabei variable Startbedingungen, sowie Fixpunktverschübe (numerisch bestimmter Wendepunkt → Fehlerrechnung!) im Potential und Zyklen berücksichtigt.

2. Es gilt, ein Simulationsprogramm in C für die Synchronisation von 10.000 Glühwürmchen zu schreiben, das Information über die Eigenzeit ausgibt und zusätzlich zu den geforderten Bedingungen von (1.) die Refraktärzeit berücksichtigt. Die Schwellpotentiale wurden mit variablem σ normalverteil und die ϵ homogen mit einer Abweichung von 2% gestreut. Außerdem sollte die Steigung b frei wählbar sein, um das Durchrechnen mit verschiedenen Werten zu ermöglichen.

3. Weiters soll ein Programm entwickelt werden, dass 9 Neuronen beschreibt, die 3 unterscheidliche (linear unabhängige) Muster erkennen und nach Hepp'scher Regel über Synapsenausbildung speichern können.

2 Die Simulation in C

2.1 Der Weg zum Modell

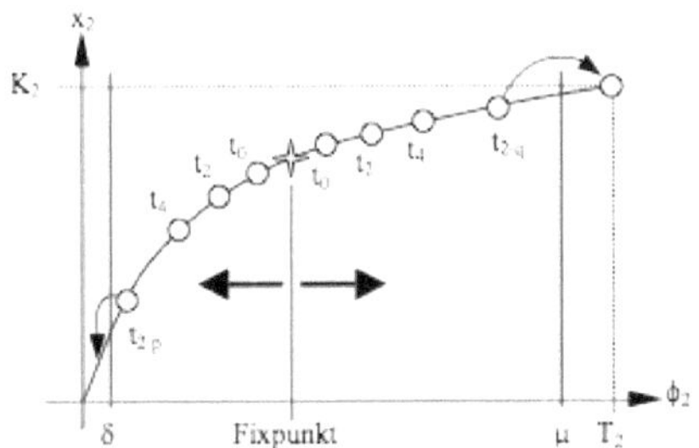

Abbildung 7: Nachrücken der Oszillatoren. Durchlauf eines kompletten Zyklus'.

2.2 Ein Programm für N Glühwürmchen

Grundlage der Simulation bildet die Funktion, welche die Ladungskurve der Glühwürmchen beschreibt (siehe mathematische Beschreibung bzw. Abb. 7). Dabei wurden die
Funktionen so normiert, dass bei einem Schwellpotential = 1 die unbeeinflusste Ladezeit eines Würmchens 3 Sekunden beträgt. Zum Verteilen der Schwellpotentiale wird die
Gauss'sche Glockenkurve verwendet. Das Programm wurde so gestaltet, dass die Zahl
der zu simulierenden Würmchen frei gewählt werden kann.

Zu Beginn des Programmes werden die zu verwendenden Werte für die Steigung b, die
Zahl der Glühwürmchen N, die Refraktärzeit t_{refrac} der Potentialsprung ε, sowie die
Standardabweichung σ abgefragt. Der Potentialsprung ist der Wert, um den das Potential eines Glühwürmchens angehoben wird, wenn ein anderes blinkt und seine Ladezeit
die Refraktärzeit überschritten hat. Weitere Abfragen legen fest:

1. Ob die Schwellpotentiale ($\Phi_{schwell(i)}$) normal- oder homogenverteilt werden sollen.

2. Ob zur Optimierung der Laufzeit ein Zusammenfassen mehrerer Glühwürmchen zu
   einem unter Festlegung ihrer maximalen Ladezeitdifferenz geschehen soll.

3. Welche Daten ausgegeben werden sollen.
   Für den letzten Punkt empfiehlt sich, außer zu Testzwecken, immer die Option 9.

Die Verteilung erfolgt im Intervall $\Phi_{schwell} = [-3 * \sigma, 3 * \sigma]$. Dabei muss beachtet werden, dass $\Phi_{schwell(max)} - \Phi_{schwell(min)} \leq N * \varepsilon$, also die Differenz zwischen maximalem und minimalem Schwellpotential, höchstens das Produkt der Zahl der Würmchen mit dem Potentialsprung sein darf. Diese Einschränkung wird vom Programm überprüft.

Es folgt die Speicherplatzallokierung:
Wird $\sigma = 0$ gewählt, so haben alle Würmchen das Schwellpotential $= 1$ und es erfolt keine Verteilung. Soll homogen verteilt werden, so wird das Intervall $[\Phi_{min}, \Phi_{min}]$ in $N/10$ äquidistante Intervalle zerlegt und jedes mit 10 Würmchen besetzt. Es haben also immer 10 Würmchend das gleiche Schwellpotential.

Im Falle einer Normalverteilung erfolgt die Einteilung der Schwellpotentiale genauso, jedoch wird die Zahl der Würmchen, die je ein Schwellpotential besetzen auf folgende Weise festgelegt: Die Fläche unter der Glockenkurve wird mittels Riemannsumme für jedes Intervall $[\Phi_i, \Phi_{i+1}]$ berechnet und mit der Gesamtfläche im Intervall $[\Phi_{min}, \Phi_{min}]$ verglichen. Das Verhältnis der Flächen ergibt die Warscheinlichkeit der Besetzung. Diese wird mit der Zahl der Würmchen multipliziert und ergibt so die Besetzungszahl. Da diese Besetzungszahlen nicht ganzzahlig sind, wird die Besetzungszahl abgerundet. Die Zahl der noch nicht verteilten Würmchen entspricht der Summe des Rests. Es wird der maximale Rest ermittelt und die Besetzungszahl für das entsprechende Intervall um Eins erhöht. Nun wird der zweitgrößte Rest ermittelt und die Besetzungszahl erhöht usw. bis das alle N Würmchen ein Schwellpotential zugewiesen bekommen haben.

Zur besseren Veranschaulichung wird die Verteilungsfunktion vom Programm mit Gnuplot geplottet (*Schwellpot_Verteilung.ps*). Einige dieser Grafiken finden sich in der Auswertung.

Anschließend folgt das Herzstück der Simulation, wo die eigentliche Synchronisation stattfindet. Die Hauptschleife wird so lange ausgeführt, bis die Differenz zwischen maximalem und minimalem Blinkzeitpunkt (t_{max} bzw. t_{min}) Null ist.

Die Option *Zusammenfassen* ermöglicht es, mehrere Würmchen zu einem zusammenzufassen und dieses entsprechend der Anzahl der zusammengefassten Würmchen oft blinken zu lassen. Diese Option wurde anfänglich zur Optimierung der Laufzeit angedacht, wird jedoch in der Folge nie verwendet.

Die Zeitpunkte, zu denen die Würmchen zu laden beginnen sind über die ersten 3 Sekunden äquidistant verteilt. Um nur zu Zeitpunkten zu berechenen, bei denen mindestens ein Würmchen blinkt ist der Zeitzähler z so ausgelegt, dass er in den ersten 3 Sekunden immer zum Landebeginnzeitpunkt des nächsten Würmchens springt (z-anf). Sollte ein anderes Würmchen in diesem Zeitraum schon fertig geladen sein und blinken, so springt der Zeitzähler zum Blinkzeitpunkt und erst im nächsten Schritt zum Ladebeginnszeitpunkt (z-anf entsprechend angepasst).

Markus Stana   11
Sebastian Leitner
Stephan Manhalter

Die Bedingung T-sprungfrei = 0 legt fest, dass die Würmchen zu laden beginnen, deren Ladebeginnzeitpunkt mit dem aktuellen Zeitpunkt zusammenfällt.

Die Schleife *whileblinkint* = 1 wird solange durchlaufen, wie Würmchen blinken. Dabei wird beim ersten Durchlauf das Potential der Summe des Zeitsprunges und des letzten Ladezeitvortschrittes ($T(i)$) berechnet. Aus dem aktuellen Potential ($phi(i)$) wird dann wieder der aktuelle Ladevortschritt ermittelt.

Dann wird überprüft, ob ein Würmchen bereits sein Schwellpotential erreicht hat. Ist dies der Fall, so werden aktuelles Potential und aktuelle Ladezeit auf Null gesetzt und der Beitrag zum Potentialsprung der anderen Würmchen erhöht (k_add). Außerdem werden aktuelle effektive Ladezeit (dt) und aktueller Blinkzeitpunkt (t) registriert.

Hat ein Würmchen geblinkt, wird die Schleife von vorne gestartet. Diesmal wird jedoch zuerst der Beitrag aller Würmchen aufsummiert, die im letzten Durchlauf geblinkt haben (K_A). Nun wird der aktuelle Pseudozeitsprung ($delta\_t\_aktuell$) als Differenz zwischen Ladezeit beim aktuellen Ladepotentila und jener bei der Summe aus aktuellem Ladepotential und K-A ermittelt und zum gesamten Pseudozeitsprung ($delta\_t$) dazugezählt.

Die effektive Ladezeit ergibt sich aus der Ladezeit ohne Einwirkung der durch andere Glühwürmchen hervorgerufenen Potentialsprünge ($T\_sprungfrei$) und des Pseudozeitsprung. Das aktuelle Ladepotential wird aus dieser effektiven Ladezeit berechnet. Sind alle Würmchen durchgerechnet, wird der Potentialsprungbeitrag jedes Würmchens auf Null gesetzt, um doppelte Abrechnung zu vermeiden. Nun wird wieder überprüft, ob ein Würmchen das Ladepotential erreicht hat. Ist dies der Fall, blinkt es und die Schleife wird von vorne durchlaufen. Die Variable *incount* zählt, wie oft die Schleife durchlaufen wird.

Blinkt kein Würmchen mehr, so wird die Schleife verlassen. Die Differenz zwischen maximalem und minimalem Blinkzeitpunkt (A) wird bestimmt das Programm beendet sich, wenn diese Differenz Null ist. Haben alle Würmchen mindestens einmal geblinkt, so wird der Zeitsprung als Differenz des aktuellen Zeitpunktes und der nächstliegenden Blinkzeitpunktes eines Würmchens bestimmt. Das Programm kann in diesem Fall in die Zukunft schauen, was zwar nicht physikalisch, aber aus Optimierungsgründen zweckmäßig ist. Die Variable *sumblink* zählt, wie viele Würmchen zu einem Zeitpunkt blinken. Stellt sich nach 12h noch keine Synchronisation ein, bricht das Programm ab.

2.3 Simulation von 10 000 Würmchen

Zur Berechnung der Synchronisationsdauer von 10 000 Glühwürmchen wurde obiges Programm verwendet. Die Refraktärzeit wurde dabei auf 1 Sekunde gesetzt. Der Potentialsprungbeitrag ε wurde variiert. Die Schwellpotentiale wurden mit unterschiedlichen σ

sowohl normal, als auch homogen verteilt. Die Ergebnisse der Berechnungen sind im Folgeteil aufgeführt

2.3.1 $\varepsilon = 0.00001$

Tabellen 1 und 2 zeigen die Synchronisationszeiten für gegebene σ. Falls keine Synchronisation nach 12h eingetreten ist, ist die Anzahl der maximal synchronisierten Würmchen gegeben.

Der zeitliche Verlauf Blinkzahlamplituden ist anhand der Grafiken 8 bis 18 einzusehen. Die steigung der Ladekurve war dabei immer b=3.

Tabelle 1: Normalverteilt bei $\varepsilon = 0.00001$

	b=1	b=3	b=5
$\sigma = 0$			
Synchronisationszeit	449,53144	66,03165	39,44324
Zahl d. synchronen Würmchen	10000	10000	10000
$\sigma = 0,0005$			
Synchronisationszeit	197,40034	57,00498	33,39613
Zahl d. synchronen Würmchen	10000	10000	10000
$\sigma = 0,001$			
Synchronisationszeit	131,38258	50,99171	30,37136
Zahl d. synchronen Würmchen	10000	10000	10000
$\sigma = 0,003$			
Synchronisationszeit	> 43200	> 43200	> 43200
Zahl d. synchronen Würmchen	9928	9928	9929
$\sigma = 0,005$			
Synchronisationszeit	> 43200	> 43200	> 43200
Zahl d. synchronen Würmchen	9768	9771	9773
$\sigma = 0,01$			
Synchronisationszeit	> 43200	> 43200	> 43200
Zahl d. synchronen Würmchen	9486	9486	9489

Markus Stana
Sebastian Leitner
Stephan Manhalter

Tabelle 2: homogen Verteilt bei $\varepsilon = 0.00001$

	b=1	b=3	b=5
$\sigma = 0{,}0005$			
Synchronisationszeit	134,45298	51,07854	30,45934
Zahl d. synchronen Würmchen	10000	10000	10000
$\sigma = 0{,}001$			
Synchronisationszeit	101,52120	48,09237	30,43608
Zahl d. synchronen Würmchen	10000	10000	10000
$\sigma = 0{,}003$			
Synchronisationszeit	83,79235	39,18714	27,26171
Zahl d. synchronen Würmchen	10000	10000	10000
$\sigma = 0{,}005$			
Synchronisationszeit	68,76118	35,88592	23,91704
Zahl d. synchronen Würmchen	10000	10000	10000
$\sigma = 0{,}01$			
Synchronisationszeit	78,85300	69,93137	58,02694
Zahl d. synchronen Würmchen	10000	10000	10000

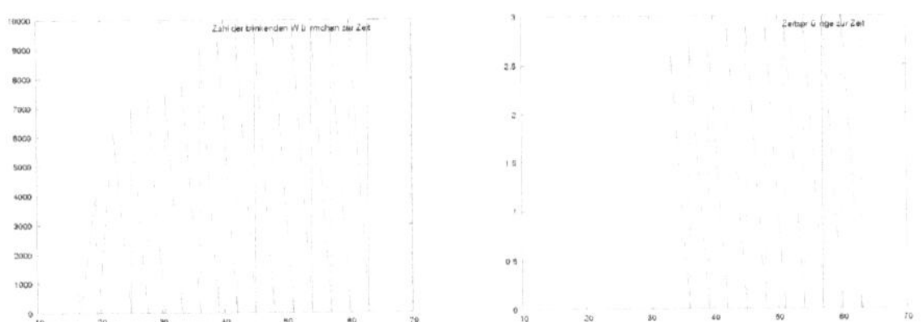

Abbildung 8: Links: Gesamtblinkzahl zu Zeit. Rechts: Zeitsprung z zu Zeit für $\epsilon = 0{,}00001$ und $\sigma = 0$ gaussverteilt.

Markus Stana
Sebastian Leitner
Stephan Manhalter

14

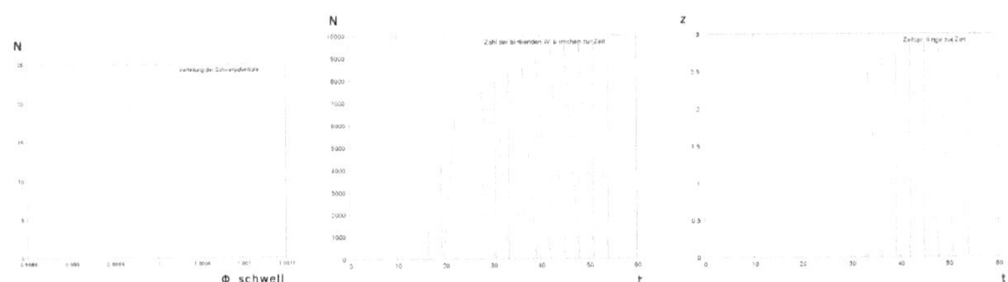

Abbildung 9: Links: Schwellpotentialverteilung. Mitte: Gesamtblinkzahl zu Zeit. Rechts: Zeitsprung z zu Zeit für $\epsilon = 0,00001$ und $\sigma = 0.0005$ gaussverteilt.

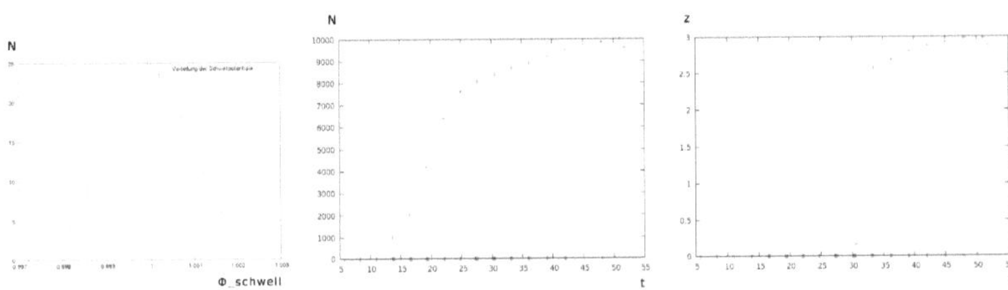

Abbildung 10: Links: Schwellpotentialverteilung. Mitte: Gesamtblinkzahl zu Zeit. Rechts: Zeitsprung z zu Zeit für $\epsilon = 0,00001$ und $\sigma = 0.001$ gaussverteilt.

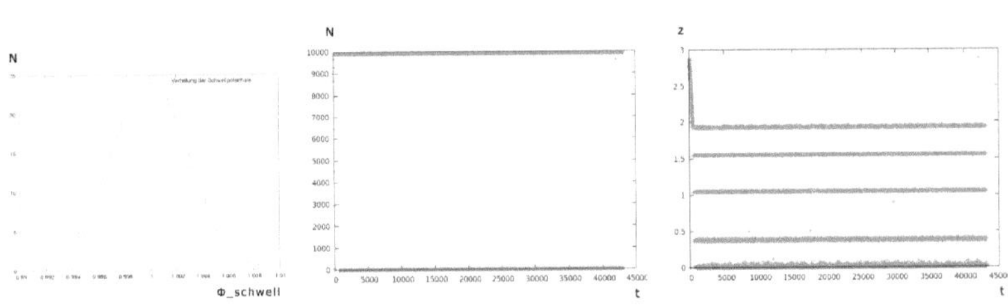

Abbildung 11: Links: Schwellpotentialverteilung. Mitte: Gesamtblinkzahl zu Zeit. Rechts: Zeitsprung z zu Zeit für $\epsilon = 0,00001$ und $\sigma = 0.003$ gaussverteilt.

Markus Stana
Sebastian Leitner
Stephan Manhalter

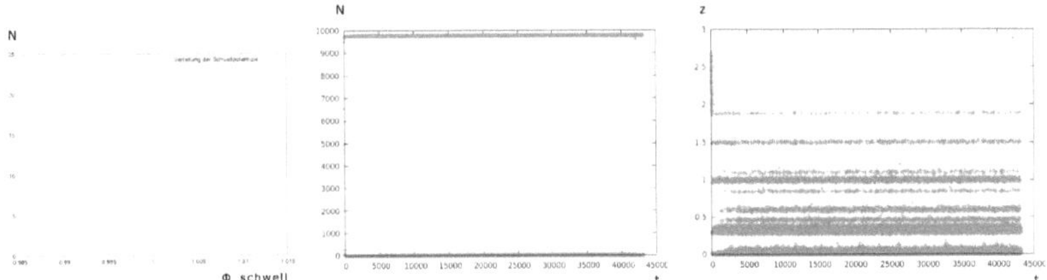

Abbildung 12: Links: Schwellpotentialverteilung. Mitte: Gesamtblinkzahl zu Zeit. Rechts: Zeitsprung z zu Zeit für $\epsilon = 0,00001$ und $\sigma = 0.005$ gaussverteilt.

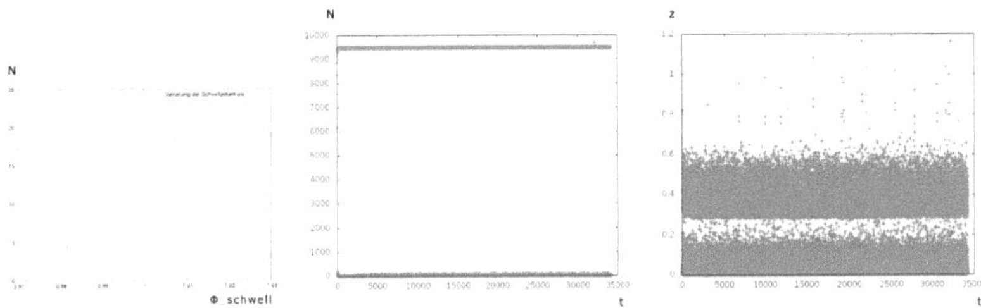

Abbildung 13: Links: Schwellpotentialverteilung. Mitte: Gesamtblinkzahl zu Zeit. Rechts: Zeitsprung z zu Zeit für $\epsilon = 0,00001$ und $\sigma = 0.01$ gaussverteilt

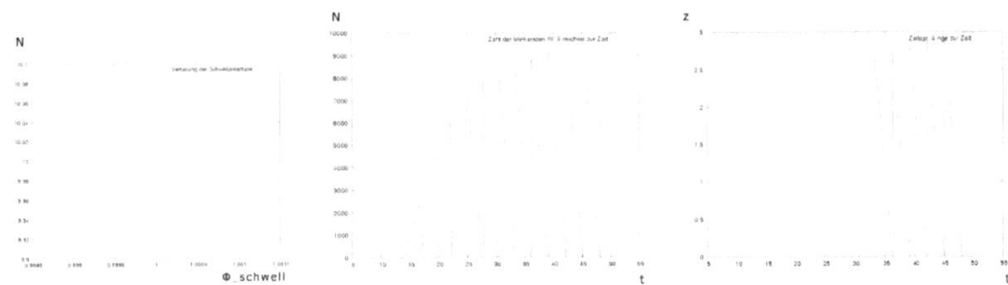

Abbildung 14: Links: Schwellpotentialverteilung. Mitte: Gesamtblinkzahl zu Zeit. Rechts: Zeitsprung z zu Zeit für $\epsilon = 0,00001$ und $\sigma = 0.0005$ im homogen verteilten Fall.

Markus Stana   16
Sebastian Leitner
Stephan Manhalter

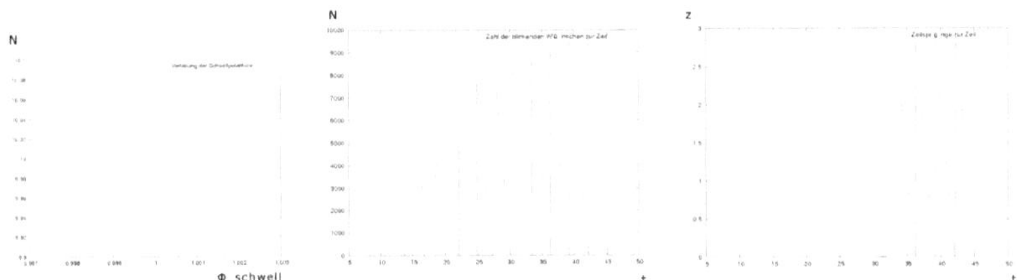

Abbildung 15: Links: Schwellpotentialverteilung. Mitte: Gesamtblinkzahl zu Zeit. Rechts: Zeitsprung z zu Zeit für $\epsilon = 0,00001$ und $\sigma = 0.001$ im homogen verteilten Fall.

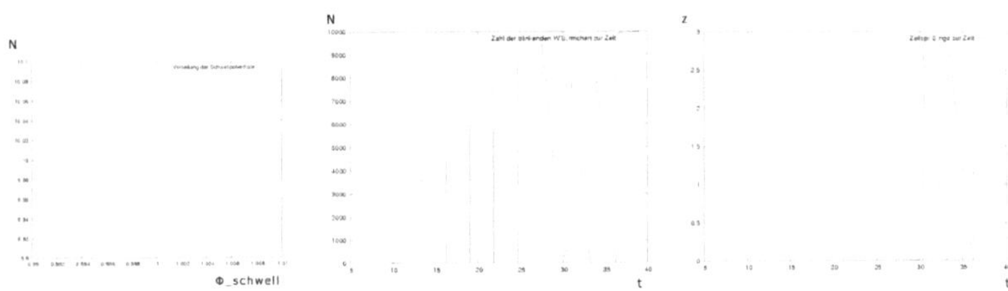

Abbildung 16: Links: Schwellpotentialverteilung. Mitte: Gesamtblinkzahl zu Zeit. Rechts: Zeitsprung z zu Zeit für $\epsilon = 0,00001$ und $\sigma = 0.003$ im homogen verteilten Fall.

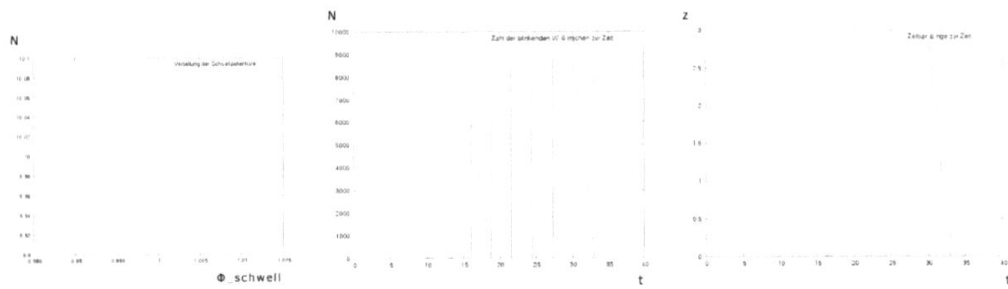

Abbildung 17: Links: Schwellpotentialverteilung. Mitte: Gesamtblinkzahl zu Zeit. Rechts: Zeitsprung z zu Zeit für $\epsilon = 0,00001$ und $\sigma = 0.005$ im homogen verteilten Fall.

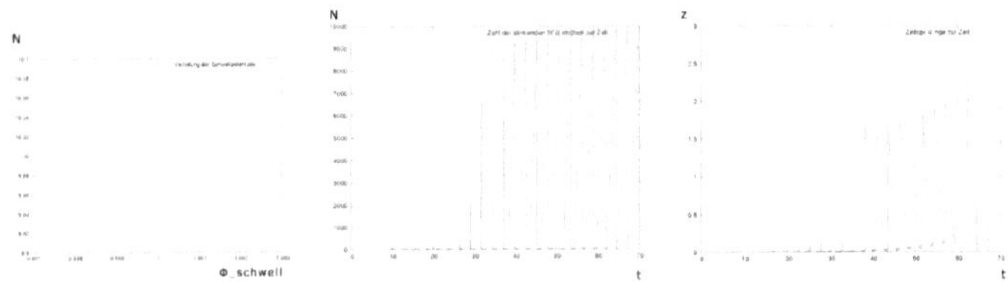

Abbildung 18: Links: Schwellpotentialverteilung. Mitte: Gesamtblinkzahl zu Zeit. Rechts: Zeitsprung z zu Zeit für $\epsilon = 0,00001$ und $\sigma = 0.01$ im homogen verteilten Fall.

2.3.2 $\varepsilon = 0.00002$

Die genauen Werte sind den Tabellen 3 zu entnehmen. Der zeitliche Verlauf wieder aus den Grafiken 19 bis 27.

Tabelle 3: Links: gaussverteilt und Rechts: homogen verteilt bei $\varepsilon = 0.00002$.

gaussverteilt	b=3	homogen verteilt	b=3
$\sigma = 0$			
Synchronisationszeit	27,67430		
Zahl d. synchronen Würmchen	10000		
$\sigma = 0,0005$		$\sigma = 0,0005$	
Synchronisationszeit	24,64976	Synchronisationszeit	4,98938
Zahl d. synchronen Würmchen	10000	Zahl d. synchronen Würmchen	10000
$\sigma = 0,001$		$\sigma = 0,001$	
Synchronisationszeit	24,62291	Synchronisationszeit	24,65738
Zahl d. synchronen Würmchen	10000	Zahl d. synchronen Würmchen	10000
$\sigma = 0,003$		$\sigma = 0,003$	
Synchronisationszeit	24,49212	Synchronisationszeit	21,63501
Zahl d. synchronen Würmchen	10000	Zahl d. synchronen Würmchen	10000
$\sigma = 0,005$		$\sigma = 0,005$	
Synchronisationszeit	> 43200	Synchronisationszeit	21,50458
Zahl d. synchronen Würmchen	9928	Zahl d. synchronen Würmchen	10000

Markus Stana
Sebastian Leitner
Stephan Manhalter

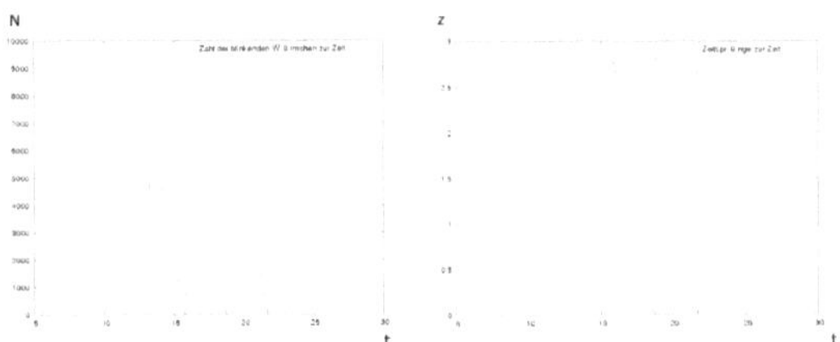

Abbildung 19: Links: Gesamtblinkzahl zu Zeit. Rechts: Zeitsprung z zu Zeit für $\epsilon = 0,00002$ und $\sigma = 0$ gaussverteilt.

Abbildung 20: Links: Schwellpotentialverteilung. Mitte: Gesamtblinkzahl zu Zeit. Rechts: Zeitsprung z zu Zeit für $\epsilon = 0,00002$ und $\sigma = 0.0005$ gaussverteilt.

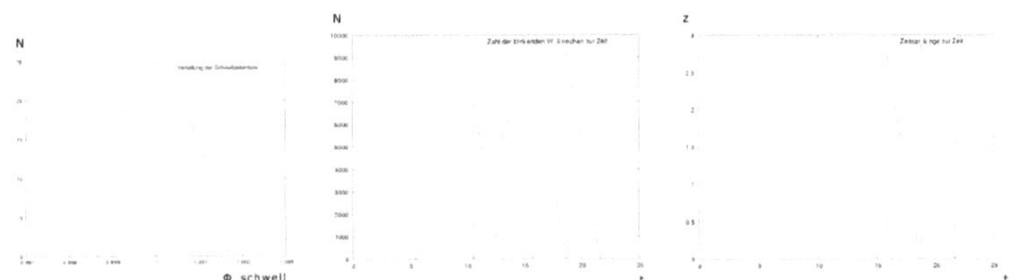

Abbildung 21: Links: Schwellpotentialverteilung. Mitte: Gesamtblinkzahl zu Zeit. Rechts: Zeitsprung z zu Zeit für $\epsilon = 0,00002$ und $\sigma = 0.001$ gaussverteilt.

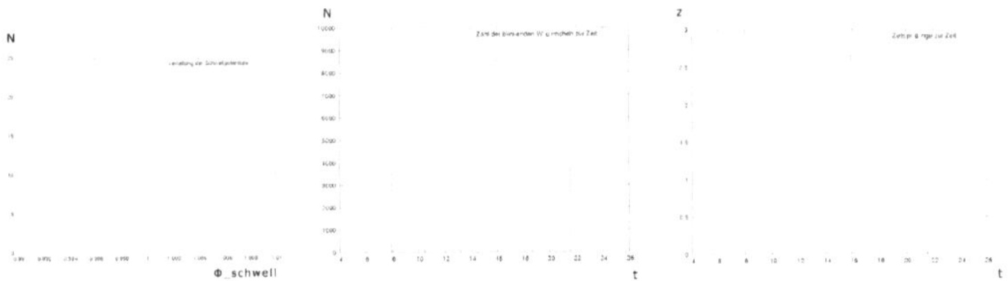

Abbildung 22: Links: Schwellpotentialverteilung. Mitte: Gesamtblinkzahl zu Zeit. Rechts: Zeitsprung z zu Zeit für $\epsilon = 0,00002$ und $\sigma = 0.003$ gaussverteilt.

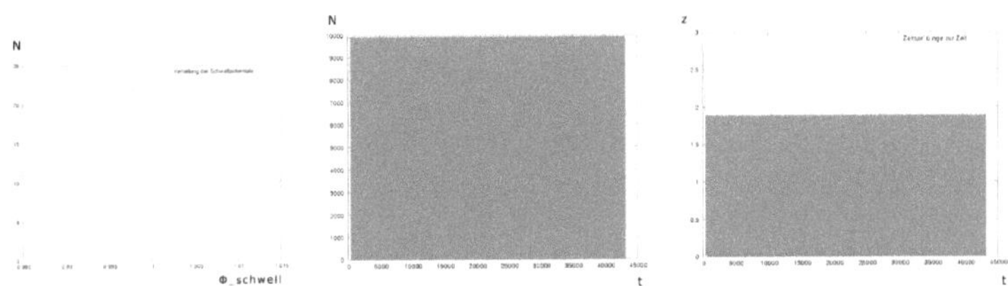

Abbildung 23: Links: Schwellpotentialverteilung. Mitte: Gesamtblinkzahl zu Zeit. Rechts: Zeitsprung z zu Zeit für $\epsilon = 0,00002$ und $\sigma = 0.005$ gaussverteilt.

Abbildung 24: Links: Schwellpotentialverteilung. Mitte: Gesamtblinkzahl zu Zeit. Rechts: Zeitsprung z zu Zeit für $\epsilon = 0,00002$ und $\sigma = 0.0005$ im homogen verteilten Fall.

Markus Stana   21
Sebastian Leitner
Stephan Manhalter

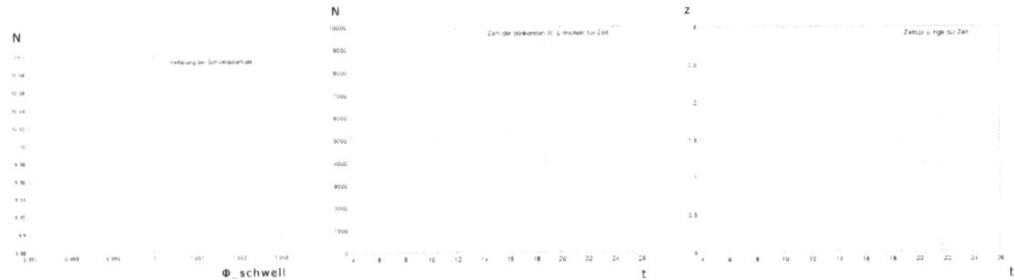

Abbildung 25: Links: Schwellpotentialverteilung. Mitte: Gesamtblinkzahl zu Zeit. Rechts: Zeitsprung z zu Zeit für $\epsilon = 0,00002$ und $\sigma = 0.001$ im homogen verteilten Fall.

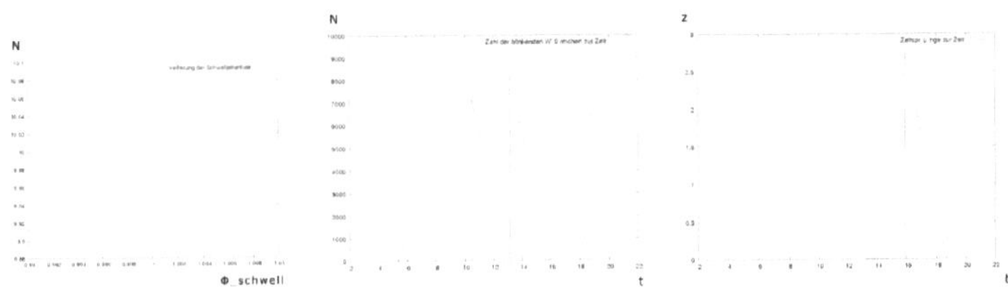

Abbildung 26: Links: Schwellpotentialverteilung. Mitte: Gesamtblinkzahl zu Zeit. Rechts: Zeitsprung z zu Zeit für $\epsilon = 0,00002$ und $\sigma = 0.003$ im homogen verteilten Fall.

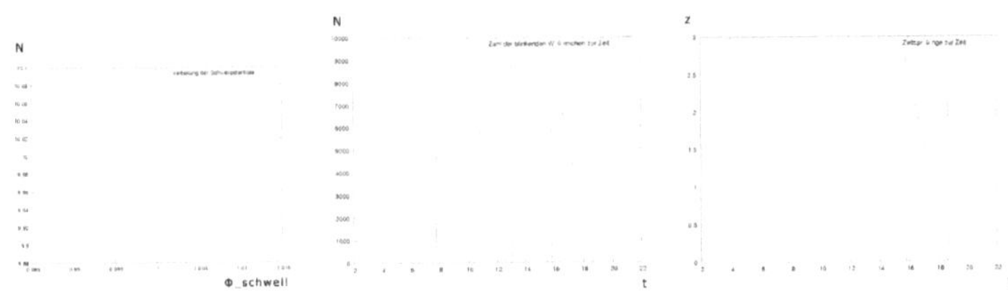

Abbildung 27: Links: Schwellpotentialverteilung. Mitte: Gesamtblinkzahl zu Zeit. Rechts: Zeitsprung z zu Zeit für $\epsilon = 0,00002$ und $\sigma = 0.005$ im homogen verteilten Fall.

Markus Stana
Sebastian Leitner
Stephan Manhalter

2.4 Ein Programm zur Bestimmung des Repellor bei 2 Glühwürmchen

Ziel des Programms ist die Bestimmung des Repellors. Dazu wurde um die Hauptschleife des N-Würmchen Programmes eine weitere Schleife gelegt, welche die Startzeit des zweiten Würmchens (t2) so lange variiert, bis die Synchronisation länger als 12h dauert. Die Startzeit des ersten Würmchens wird vom Programm immer auf Null gesetzt (t1=0). Einzugeben sind die Steigung der Ladungskurve b sowie die Schwellpotentiale der Würmchen und die Refraktärzeit.

Alle Berechnungen wurden mit Refraktärzeit Null durchgeführt. Im ersten Durchlauf wird die Synchronisationsdauer für $t2 = T_{schwell}/2$ berechnet. Der zweite Durchlauf erfolgt mit $t2 = 0.01 * T_{schwell}$ und der dritte mit $t2 = 0.99 * T_{schwell}$. Die Synchronisationszeiten werden verglichen und die kleinste von ihnen verworfen. Nun wird t2 als Mittel der beiden übrigen bestimmt und die Berechnung wiederholt. Wieder werden die Synchronisationszeiten verglichen, das Mittel der beiden größeren Synchronisationszeiten für die neue Berechnung verwendet. Dies wird wiederholt bis die Bedingung Synchrationisationszeit $\geq$ 12h erfüllt ist.

2.4.1 Bestimmung des Repellors bei gleichen Schwellpotentialen

Der Repellor wurde bei unterschiedlichen Steigungen für gleiche Schwellpotentiale ($\Phi_{Schwell(1)} = \Phi_{Schwell(2)}$) bestimmt. Der Potentialsprung wurde im Programm mit $\varepsilon = 0.001$ festgelegt. Diese Wahl ermöglicht relativ rasche Berechnung bei genügender Genauigkeit. Allerdings war die Genauigkeit nicht ausreichend um immer das Kritärium einer Mindestsynchronisationszeit von 12h zu erfüllen. Dies äußerte sich darin, dass das Programm schon bei geringeren Synchronisationszeiten in eine Endlosschleife lief. In einem solchen Fall wurde das Programm einfach abgebrochen und der wiederholt zur Berechnung verwendete Wert als Repellor angenommen. Der Fehler des Repellorwertes wurde in erster Näherung als Differenz des Repellors und des letzten, vor erhalten des Repellors verwendeten t2 Wertes (T_{next}) abgeschätzt.

Die Werter der Berechnungen wurden in den Tabellen 4 bis 9 zusammengefasst. Durch Auftragen des Repellorpotentials zum Schwellpotential ergeben sich die Grafiken 28 bis 30.

Markus Stana
Sebastian Leitner
Stephan Manhalter

Tabelle 4: Repellorpotentiale bei b = 1.

ϕ_{sch}	ϕ_{rep}	ϕ_{next}	$\delta_{\phi_{rep}}$	ϕ_{rep}/ϕ_{sch}	$\delta_{\phi_{rep}/\phi_{sch}}$
0,4	0,22036795	0,22036795	2,25E-011	0,55091987	5,63E-011
0,6	0,34484064	0,34484064	8,30E-012	0,57473441	1,38E-011
0,8	0,47845336	0,47845336	8,67E-011	0,59806670	1,08E-010
1	0,62061438	0,62061438	4,22E-010	0,62061438	4,22E-010
1,2	0,77063516	0,77063516	4,90E-010	0,64219597	4,08E-010
1,4	0,92777013	0,92777027	1,41E-007	0,66269295	1,01E-007
1,6	1,09125489	1,09125985	4,96E-006	0,68203430	3,10E-006

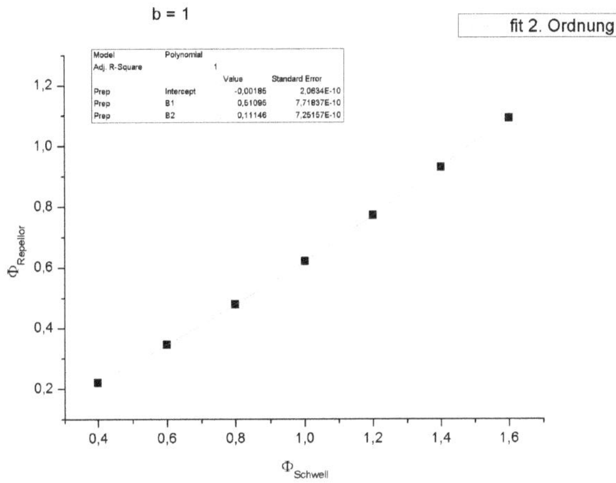

Abbildung 28: Gleiche Schwellpotentiale bei b=1.

Tabelle 5: t2 Zeit bzw. Phasenverschub bei b = 1.

T_{sch}	T_{rep}	T_{next}	$\delta_{T_{rep}}$	T_{rep}/T_{sch}	$\delta_{T_{rep}/T_{sch2}}$
0,85869200	0,43043341	0,43043341	4,90E-011	0,50126636	5,70E-011
1,43536200	0,71891279	0,71891279	2,05E-011	0,50085818	1,43E-011
2,13970900	1,07126230	1,07126230	2,44E-010	0,50065794	1,14E-010
3,00000000	1,50162296	1,50162297	1,37E-009	0,50054099	4,56E-010
4,05076200	2,02726667	2,02726667	1,85E-009	0,50046551	4,56E-010
5,33416600	2,66928945	2,66929007	6,23E-007	0,50041364	1,17E-007
6,90171800	3,45346513	3,45349093	2,58E-005	0,50037761	3,74E-006

Markus Stana   24
Sebastian Leitner
Stephan Manhalter

Tabelle 6: Repellorpotentiale bei b = 2.

ϕ_{sch}	ϕ_{rep}	ϕ_{next}	$\delta_{\phi_{rep}}$	ϕ_{rep}/ϕ_{sch}	$\delta_{\phi_{rep}/\phi_{sch}}$
0,4	0,23947647	0,23947647	4,33E-011	0,59869119	1,08E-010
0,6	0,38556739	0,38556739	6,12E-011	0,64261232	1,02E-010
0,8	0,54587653	0,54587653	4,73E-012	0,68234566	5,91E-012
1	0,71739017	0,71739017	1,08E-011	0,71739017	1,08E-011
1,2	0,89734424	0,89734424	2,97E-012	0,74778686	2,47E-012
1,4	1,08344257	1,08344259	1,29E-008	0,77388755	9,23E-009
1,6	1,27390286	1,27390329	4,30E-007	0,79618929	2,69E-007

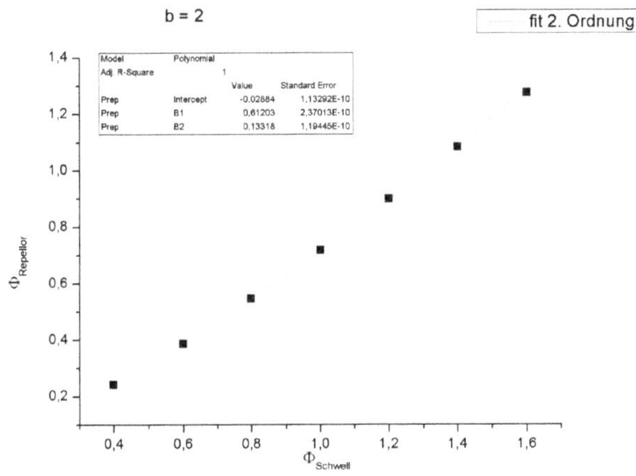

Abbildung 29: Gleiche Schwellpotentiale bei b=2.

Tabelle 7: t2 Zeit bzw. Phasenverschub bei b = 2.

T_{sch}	T_{rep}	T_{next}	$\delta_{T_{rep}}$	T_{rep}/T_{sch}	$\delta_{T_{rep}/T_{sch2}}$
0,57545600	0,28848542	0,28848542	6,57E-011	0,50131621	1,14E-010
1,08941800	0,54572311	0,54572311	1,24E-010	0,50093087	1,14E-010
1,85615800	0,92947661	0,92947661	1,32E-011	0,50075296	7,13E-012
3,00000000	1,50196955	1,50196955	4,28E-011	0,50065652	1,43E-011
4,70641200	2,35602867	2,35602867	1,68E-011	0,50059975	3,57E-012
7,25207900	3,63013515	3,63013526	1,06E-007	0,50056476	1,46E-008
11,04976800	5,53087913	5,53088429	5,16E-006	0,50054256	4,67E-007

Markus Stana
Sebastian Leitner
Stephan Manhalter

Tabelle 8: Repellorpotentiale bei b = 5.

ϕ_{sch}	ϕ_{rep}	ϕ_{next}	$\delta_{\phi_{rep}}$	ϕ_{rep}/ϕ_{sch}	$\delta_{\phi_{rep}/\phi_{sch}}$
0,4	0,28725554	0,28725554	6,80E-014	0,71813885	1,70E-013
0,6	0,47158741	0,47158741	2,58E-012	0,78597902	4,29E-012
0,8	0,66549992	0,66549992	1,72E-013	0,83187491	2,15E-013
1	0,86321301	0,86321301	7,02E-013	0,86321301	7,02E-013
1,2	1,06236508	1,06236508	3,50E-013	0,88530423	2,92E-013
1,4	1,26205223	1,26205224	1,16E-008	0,90146588	8,31E-009
1,6	1,46181984	1,46220130	3,81E-004	0,91363740	2,38E-004

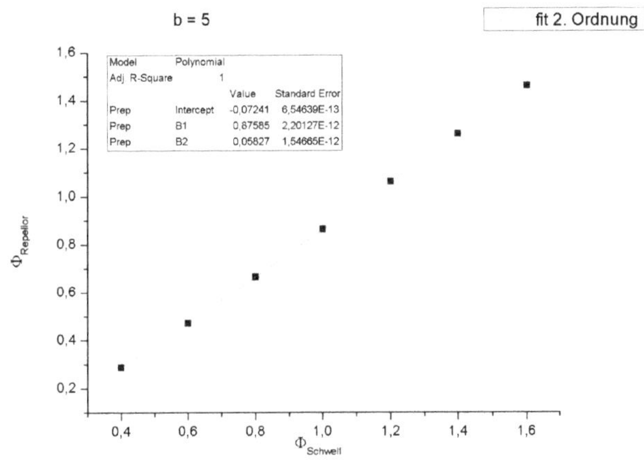

Abbildung 30: Gleiche Schwellpotentiale bei b=5.

Tabelle 9: t2 Zeit bzw. Phasenverschub bei b = 5

T_{sch}	T_{rep}	T_{next}	$\delta_{T_{rep}}$	T_{rep}/T_{sch}	$\delta_{T_{rep}/T_{sch2}}$
0,13002300	0,06522513	0,06522513	2,90E-014	0,50164305	2,23E-013
0,38840900	0,19474093	0,19474093	2,77E-012	0,50138110	7,13E-012
1,09077400	0,54680137	0,54680137	4,86E-013	0,50129667	4,46E-013
3,00000000	1,50380087	1,50380087	5,35E-012	0,50126696	1,78E-012
8,18981400	4,10519521	4,10519521	7,30E-012	0,50125622	8,91E-013
22,29719200	11,17651815	11,17651880	6,51E-007	0,50125227	2,92E-008
60,64502000	30,38054911	30,43858829	5,80E-002	0,50095703	9,57E-004

Markus Stana
Sebastian Leitner
Stephan Manhalter

Die Abhängigkeit des Repellorpotentials vom Schwellpotential lässt sich mit einem Polynom zweiter Ordnung gut darstellen. Die Polynome für die jeweiligen Steigungen ergeben sich ohne Angabe der Fehler zu:

$$\phi_{rep_{b1}}(\phi_{sch}) = -0,00185 + 0,51095 * \phi_{sch} + 0,11146 * \phi_{sch}^2$$
$$\phi_{rep_{b2}}(\phi_{sch}) = -0,02884 + 0,61203 * \phi_{sch} + 0,13318 * \phi_{sch}^2$$
$$\phi_{rep_{b5}}(\phi_{sch}) = -0,07241 + 0,87585 * \phi_{sch} + 0,05827 * \phi_{sch}^2$$

2.4.2 Bestimmung des Repellors bei unterschiedlichen Schwellpotentialen

Bei der Bestimmung des Repellors für unterschiedliche Schwellpotentiale galt zu beachten, dass die Differenz der Schwellpotentiale den doppelten Pseudopotentialsprung nicht übertreffen darf ($|\Phi_{schwell(1)} - \Phi_{schwell(2)}| \leqslant 2 * \varepsilon$). Ansonsten wurde wie oben verfahren. Die Werte sind den Tabellen 10 bis 15 zu entnehmen.

Tabelle 10: Repellorpotentiale bei b = 1.

ϕ_{sch1}	ϕ_{sch2}	ϕ_{sch1}/ϕ_{sch2}	ϕ_{rep}	ϕ_{next}	$\delta_{\phi_{rep}}$	ϕ_{rep}/ϕ_{sch2}	$\delta_{\phi_{rep}/\phi_{sch2}}$
1,0010	1,0000	1,0010	0,99358263	0,99358263	8,99E-015	0,99358263	8,99E-015
1,0005	1,0000	1,0005	0,82413790	0,82413790	1,68E-013	0,82413790	1,68E-013
1,0001	1,0000	1,0001	0,69120892	0,69120892	4,91E-011	0,69120892	4,91E-011
1,0000	1,0001	0,9999	0,54679294	0,54679480	1,86E-006	0,54673827	1,86E-006
1,0000	1,0005	0,9995	0,36374983	0,36389281	1,43E-004	0,36356805	1,43E-004
1,0000	1,0010	0,9990	0,01746831	0,01787287	4,05E-004	0,01745086	4,04E-004

Um die Werte vergleichen zu können, wurden die Repellorwerte zum Verhältnis der Schwellpotentiale geplottet (Abbildung 31 bis 33).

Tabelle 11: t2 Zeit bzw. Phasenverschub bei b = 1.

T_{sch1}	T_{sch2}	T_{rep}	T_{next}	$\delta_{T_{rep}}$	T_{rep}/T_{sch2}	$\delta_{T_{rep}/T_{sch2}}$
3,00474800	3,00000000	2,96964111	2,96964111	4,00E-014	0,98988037	1,33E-014
3,00237400	3,00000000	2,23464111	2,23464111	6,70E-013	0,74488037	2,23E-013
3,00047500	3,00000000	1,73916856	1,73916856	1,71E-010	0,57972285	5,70E-011
3,00000000	3,00047500	1,27051908	1,27052469	5,61E-006	0,42343932	1,87E-006
3,00000000	3,00237400	0,76596443	0,76632360	3,59E-004	0,25511959	1,20E-004
3,00000000	3,00474800	0,03076639	0,03148530	7,19E-004	0,01023926	2,39E-004

Markus Stana
Sebastian Leitner
Stephan Manhalter

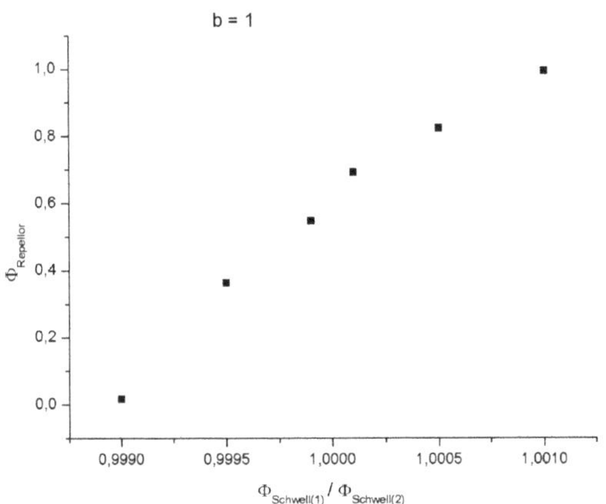

Abbildung 31: Ungleiche Schwellpotentiale bei b=1.

Tabelle 12: Repellorpotentiale bei b = 2.

ϕ_{sch1}	ϕ_{sch2}	ϕ_{sch1}/ϕ_{sch2}	ϕ_{rep}	ϕ_{next}	$\delta_{\phi_{rep}}$	ϕ_{rep}/ϕ_{sch2}	$\delta_{\phi_{rep}/\phi_{sch2}}$
1,0010	1,0000	1,0010	0,99555352	0,99544915	1,04E-004	0,99555352	1,04E-004
1,0005	1,0000	1,0005	0,87538908	0,87532272	6,64E-005	0,87538908	6,64E-005
1,0001	1,0000	1,0001	0,75964141	0,75964141	9,99E-015	0,75964141	9,99E-015
1,0000	1,0001	0,9999	0,67133231	0,67133231	9,52E-011	0,67126518	9,52E-011
1,0000	1,0005	0,9995	0,48377265	0,48384535	7,27E-005	0,48353089	7,27E-005
1,0000	1,0010	0,9990	0,03144061	0,03144061	2,09E-014	0,03140920	2,09E-014

Tabelle 13: t2 Zeit bzw. Phasenverschub bei b = 2.

T_{sch1}	T_{sch2}	T_{rep}	T_{next}	$\delta_{T_{rep}}$	T_{rep}/T_{sch2}	$\delta_{T_{rep}/T_{sch2}}$
3,00694600	3,00000000	2,96928223	2,96856445	7,18E-004	0,98976074	2,39E-004
3,00347100	3,00000000	2,23464111	2,23428223	3,59E-004	0,74488037	1,20E-004
3,00069400	3,00000000	1,67580963	1,67580963	4,00E-014	0,55860321	1,33E-014
3,00000000	3,00069400	1,32847480	1,32847480	3,42E-010	0,44272252	1,14E-010
3,00000000	3,00347100	0,76606483	0,76624448	1,80E-004	0,25505984	5,98E-005
3,00000000	3,00694600	0,03047414	0,03047414	2,09E-014	0,01013458	6,95E-015

Markus Stana
Sebastian Leitner
Stephan Manhalter

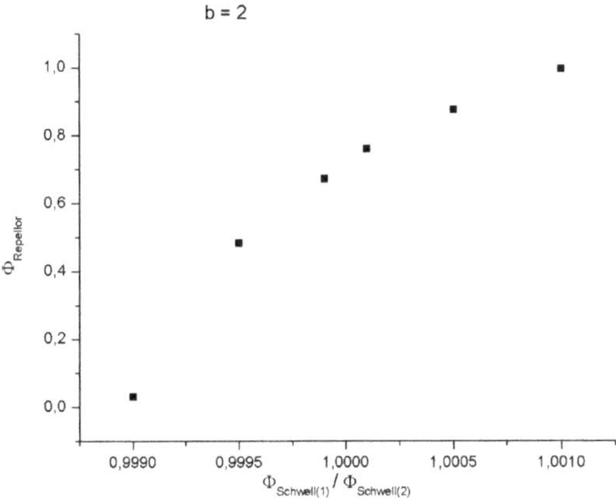

Abbildung 32: Ungleiche Schwellpotentiale bei b=2.

Tabelle 14: Repellorpotentiale bei b = 5.

ϕ_{sch1}	ϕ_{sch2}	ϕ_{sch1}/ϕ_{sch2}	ϕ_{rep}	ϕ_{next}	$\delta_{\phi_{rep}}$	ϕ_{rep}/ϕ_{sch2}	$\delta_{\phi_{rep}/\phi_{sch2}}$
1,0010	1,0000	1,0010	0,99799154	0,99797954	1,20E-005	0,99799154	1,20E-005
1,0005	1,0000	1,0005	0,94157856	0,94157060	7,96E-006	0,94157856	7,96E-006
1,0001	1,0000	1,0001	0,88220306	0,88220306	8,00E-014	0,88220306	8,00E-014
1,0000	1,0001	0,9999	0,84234994	0,84234994	0,00E+000	0,84226572	0,00E+000
1,0000	1,0005	0,9995	0,73110910	0,73110910	1,10E-014	0,73074373	1,10E-014
1,0000	1,0010	0,9990	0,18249130	0,18320171	7,10E-004	0,18230899	7,10E-004

Markus Stana   29
Sebastian Leitner
Stephan Manhalter

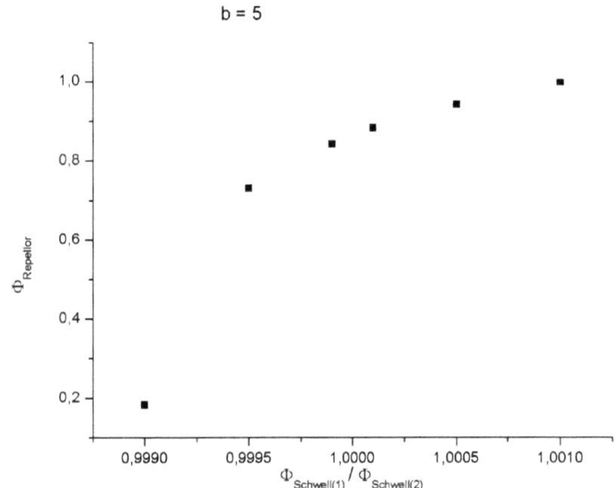

Abbildung 33: Ungleiche Schwellpotentiale bei b=5.

Tabelle 15: t2 Zeit bzw. Phasenverschub bei b = 5.

T_{sch1}	T_{sch2}	T_{rep}	T_{next}	$\delta_{T_{rep}}$	T_{rep}/T_{sch2}	$\delta_{T_{rep}/T_{sch2}}$
3,01514000	3,00000000	2,96982056	2,96964111	1,79E-004	0,98994019	5,98E-005
3,00756000	3,00000000	2,23491028	2,23482056	8,97E-005	0,74497009	2,99E-005
3,00151100	3,00000000	1,65561271	1,65561271	6,70E-013	0,55187090	2,23E-013
3,00000000	3,00151100	1,35282017	1,35282017	9,99E-015	0,45071305	3,33E-015
3,00000000	3,00756000	0,76699977	0,76699977	4,21E-014	0,25502393	1,40E-014
3,00000000	3,01514000	0,03033174	0,03051209	1,80E-004	0,01005981	5,98E-005

Markus Stana
Sebastian Leitner
Stephan Manhalter

2.5 Ein Programm zu neuronaler Mustererkennung

Ziel des Programmes ist es, Muster nach Vorbild der Neuronen wiederzuerkennen. Die Synchronisation von Neuronen im Gehirn erfolgt, wie bereits diskutiert, nach dem Prinzip der Glühwürmchensynchronisation. Simuliert wird ein System von 16 Neuronen, das zu einer zweidimensionalen 4x4 Matrix angeordnet ist. Diesem System soll es möglich sein, sich durch Verstärkung neuronaler Verbindungen ein Muster von 4 beliebigen Eigentschaften einzuprägen. Jedem Neuron ist dabei eine Eigenschaft zugewiesen. Bei unvollständiger oder falscher Eingabe des Musters soll das System dieses automatisch vervollständigen bzw. korrigieren.

2.5.1 Die Idee zum Algorithmus

Zu Beginn des Programmes werden 3 unabhängige Muster eingelesen. Ein Neuron kann dabei von mehr als einem Muster belegt werden. Die *merker* Variablen weisen den Neuronen eine fortlaufende Nummerierung entsprechend ihrer Position in der Matrix zu. Die Muster werden zur besseren Veranschaulichung in das *Musterfile* geschrieben. Da jedes Neuron mit jedem verbunden ist, werden zwei 16x16 Matrizen k_add und k_aad angelegt. Sie repräsentieren die Wertigkeit der individuellen, je durch ein anderes Neuron angeregten, Potentialsprünge.

Zuerst werden die aktiven Neuronen mit einem Aktivierungspotential angeregt, um sie zu synchronisieren und zum Feuern zu bringen. Nun läuft der Algorithmus wie bei den Würmchen, mit Potentialberechnung und Vergleich des aktuellen Potentials mit dem Schwellpotential ab. In der Lernphase legt eine Schleife zusätzlich fest, dass bei gleichzeitigem Feuern zweier Neuronen ihre Verbindung gestärkt wird. Der Potentialsprungbeitrag, den das jeweils andere Neuron leistet $k\_add(i,j)$, wird also erhöht. Die Schleife läuft 100 mal durch. Danach wird die Merkphase eingeleitet. Dazu wird zuerst das zu erkennende Muster abgefragt. Bei der Abfrage sind nur 3 Werte einzugeben. Das vierte Neuron wird frei gelassen. In der Merkphase werden die Neuronen nun darauf überprüft, ob sie mit solchen im Erkennungsmuster verbunden sind. Diese Verbindungen werden weiter verstärkt. Neuronenverbindungen bei denen die gegenseitige Potentialsprunganregung größer als 1 ist, die jedoch nicht mit Neuronen des Erkennungsmusters verbunden sind, werden reduziert. Somit sind nach einigen weiteren Durchläufen nur mehr 4 Neuronen verstärkt. Nun wird das Programm mit verteilten Startwerten erneut gestartet. Die vier Neuronen mit den versärkten Verbindungen werden schnell synchronisiert. Wenn 4 Neuronen synchron sind wird ihr Muster als Erkennungsmuster ausgegeben.

Aufgrund zeitlich begrenzter Ressourcen war es nicht möglich das Programm exakt in beschriebener Form zu realisieren. Der praktisch umgesetzte Sourcecode des implementieren Programms liegt im Anhang bei.

3 Auswertung der Ergebnisse und Diskussion

3.1 Synchronisation von 10 000 Glühwürmchen

Wie aus den Grafiken ersichtlich, synchronisieren sich auch ein Großteil der Würmchen bei solchen Verteilungen sehr schnell, bei denen nach 12h nicht alle synchron sind. Der zeitliche Verlauf wurde zum vergleich mit verschiedenen Darstellungsmethoden geplottet. Die Darstellung mit einem Liniengraf ist sehr aussagekräftig, minimiert bei sehr langen Synchronisationszeiten den Aussagewert auf Grund der Dichte der Linien jedoch stark. Verfolgt man in der Shell mit, welche Würmchen wann blinken, so erkennt man, dass nicht immer die gleichen von der Hauptgruppe ausgeschlossen sind, sondern sich diese vielmehr zeitlich über die einzelnen Würmchen hinweg verschiebt. Würde man die Refraktärzeit auf die minimale Blinkamplitude erhöhen, sollte es möglich sein alle Würmchen synchron zu bekommen.

Bemerkenswert ist außerdem, dass sich die minimale Synchronisationszeit nicht bei gleichen Schwellpotentialen einstellt und darüber hinaus noch homogene Verteilung zu einer schnelleren Synchronisation führt als Normalverteilung. Dass die Synchronisation bei größerer Steigung schneller von statten geht ist dagegen wieder leichter einsichtig. Ausschlaggebend ist natürlich auch die Wahl des Potentialsprungs. Dabei sei hervorgehoben, dass bei einer Verdoppelung von $\varepsilon = 0.00001$ auf $\varepsilon = 0.00002$ die Synchronisation keine lineare Auswirkung auf die Synchronisationszeit hat. So synchronisieren bei dieser Verdoppelung Würmchen mit exakt den selben Schwellpotentialen ca. 2,4 mal so schnell, während gaussverteilte mit $\sigma = 0.0005$ immerhin 2,3 mal so schnell und solche mit $\sigma = 0.001$ ca. 2,1 mal so schnell synchronisieren.

Keine Auswirkung hat die Steigung jedoch darauf, ob sich die Würmchen bei einer bestimmten Breite der Verteilungskurve noch synchronisiern können oder nicht.

3.2 Repellor

Für zwei Würmchen mit gleichem Schwellpotential gelingt es leicht, den Repellor zu bestimmen. Dabei lässt sich die Abhängigkeit des Repellorpotentials vom Schwellpotential durch ein Polynom zweiter Ordnung fitten. Vergleicht man diese Polynome, so wird leicht ersichtlich, dass das relative Repellorpotential mit zunehmender Steigung zunimmt (Abbildung 34). Bei unterschiedlichen Schwellpotentialen lässt sich die Abhängigkeit des Repellorpotentials vom Verhältnis dieser leider nicht ausreichend genau durch ein Polynom ausdrücken. Es ist jedoch bei Vergleich der Grafiken 31, 32 und 33 gut ersichtlich, dass die Steigung der Kurve Repellorpotential zu Schwellpotentialverältnis mit zunehmender Steigung der Ladekurve zunimmt.

Wie sich das Synchronisationsverhalten zweier Würmchen mit Schwellpotential 1 bei Änderung des phasenverschobenen Ladebeginns von $t_2 = \frac{T_{schwell}}{2}$ auf $t_2 = T_{rep}$ veränder, ist den Grafik 35 bis 38 zu entnehmen. Die Steigung der Kurve war dabei b=1.

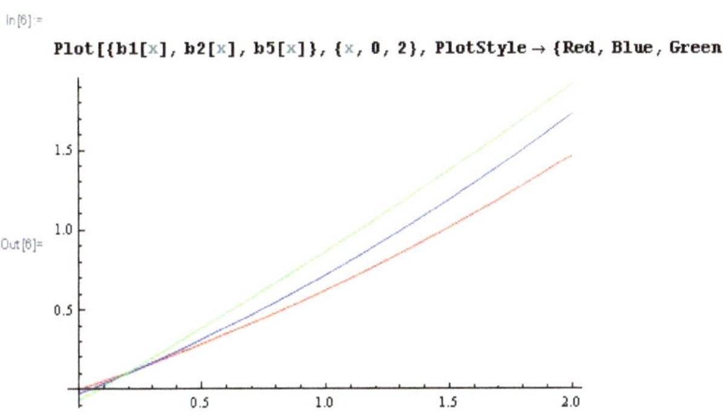

Abbildung 34: Vergleich der Repellorkurven verschiedener Steigungen bei gleichen Schwellpotentialen.

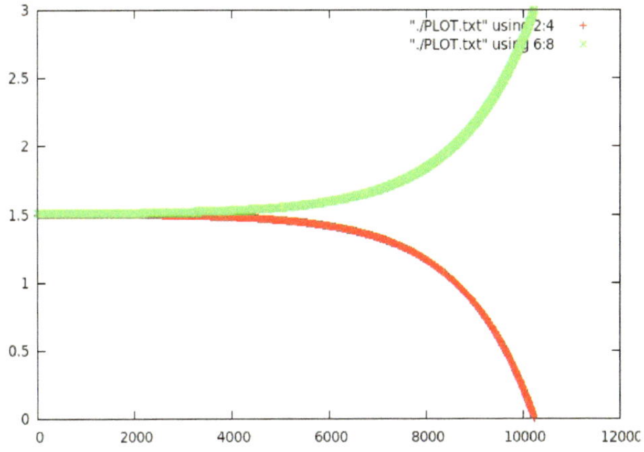

Abbildung 35: $\phi_{sch1} = \phi_{sch2} = 1$ mit $t2 = T_{sch}/2$

Markus Stana   33
Sebastian Leitner
Stephan Manhalter

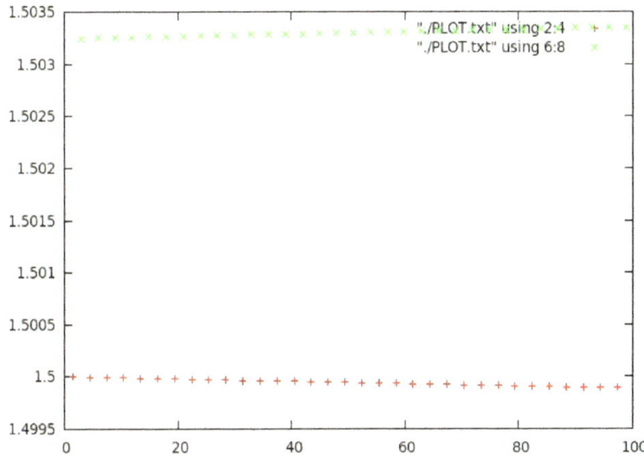

Abbildung 36: $\phi_{sch1} = \phi_{sch2} = 1$ mit $t2 = T_{sch}/2$ in Startbereich gezoomt

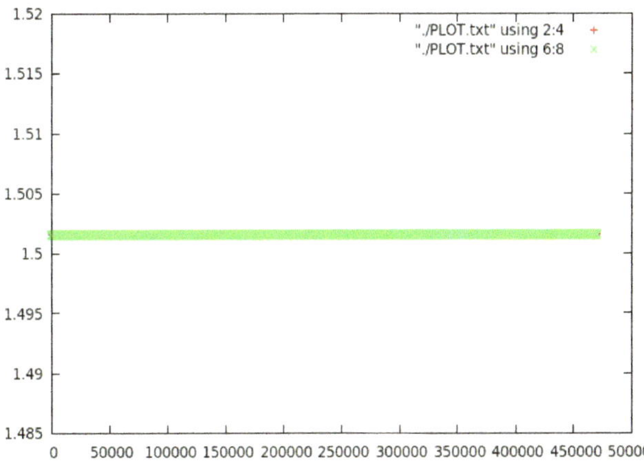

Abbildung 37: $\phi_{sch1} = \phi_{sch2} = 1$ mit $t2 = T_{rep}$

Markus Stana
Sebastian Leitner
Stephan Manhalter

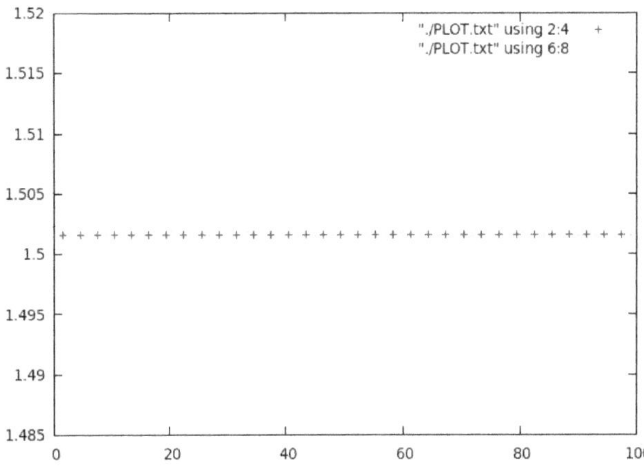

Abbildung 38: $\phi_{sch1} = \phi_{sch2} = 1$ mit $t2 = T_{rep}$ in Startbereich gezoomt

3.3 Fehler und Vernachlässigungen

Leider konnte auf die numerischen Ungenauigkeiten des Programmes aufgrund beschränkter zeitlicher Ressourcen nicht eingegangen werden. Die Berechnung von Differenzen, beispielsweise beim Erreichen des Schwellpotentials, erfolgt auf 10^{-6} genau. Es wurde versucht speziell beim Repellor den Maximalfehler abzuschätzen. Da dieser jedoch sehr klein ist soll auf andere Fehlerquellen, die beispielsweise vom Algorithmus, oder eben den numerischen Ungenauigkeiten herrühren können, zumindest an dieser Stelle hingewiesen werden.

Markus Stana
Sebastian Leitner
Stephan Manhalter

4 Anhang: Quellennachweis

Literatur

[1] WERNER GRUBER, *Brain Modelling I - Physikalische Modelle über Informationsverarbeitung im Gehirn:* Vorlesungsskriptum, Institut für Experimentalphysik Universität Wien WS2003/2004

[2] SAMUELE BOTTANI, *Synchronisation of integrate and fire oscillators with global coupling*, Physical Review E Volume 54 Number 3, 1996